Jacques Babinet

Physique du globe

Étude

 Le code de la propriété intellectuelle du 1er juillet 1992 interdit en effet expressément la photocopie à usage collectif sans autorisation des ayants droit. Or, cette pratique s'est généralisée dans les établissements d'enseignement supérieur, provoquant une baisse brutale des achats de livres et de revues, au point que la possibilité même pour les auteurs de créer des œuvres nouvelles et de les faire éditer correctement est aujourd'hui menacée. En application de la loi du 11 mars 1957, il est interdit de reproduire intégralement ou partiellement le présent ouvrage, sur quelque support que ce soit, sans autorisation de l'Éditeur ou du Centre Français d'Exploitation du Droit de Copie, 20, rue Grands Augustins, 75006 Paris.

ISBN : 978-1726239820

10 9 8 7 6 5 4 3 2 1

Jacques Babinet

Physique du globe

Étude

Table de Matières

Physique du globe 7

Physique du globe

L'auteur de l'ouvrage que nous prenons aujourd'hui pour guide dans une exploration météorologique du globe est une dame anglaise d'une haute considération. Par une étonnante aptitude d'esprit, ou plutôt de génie, et par une stricte économie du temps, Mme Somerville, tout en remplissant les devoirs de l'épouse et de la mère de famille, a pu atteindre à des connaissances si élevées et si variées dans les mathématiques et dans les sciences d'observation, qu'on serait tenté de croire que ses études ont employé exclusivement une vie entière séquestrée comme celle de nos anciens bénédictins, une vie dont la lecture et la mémoire seraient les seuls éléments. Mme Somerville, sans aucune prétention, a tout étudié à fond. Son *Traité du Mécanisme des cieux* prouve qu'elle a compris tous les travaux mathématiques de notre célèbre Laplace, auteur du fameux ouvrage qui porte le nom analogue de *Mécanique céleste*. Peu de personnes, même d'une grande force dans les calculs transcendants, ont pu suivre Laplace dans ses belles recherches théoriques. Newton disait : « Il se rencontre dans mon livre (*les Principes*) *des chapitres qui pourraient arrêter trop longtemps un lecteur même mathématiquement exercé,* » et il conseille de les passer à la première lecture, pour choisir spécialement ceux qui se rapportent au système du monde ; à plus forte raison aurait-on pu être détourné de lire et de comprendre la *Mécanique céleste* de Laplace. Mme Somerville a fait plus, elle en a donné une nouvelle rédaction avec les calculs simplifiés en plusieurs cas, et formant un ensemble qui a son plan spécial et sa propre originalité. Pour ajouter à l'idée qu'on peut se faire du travail de Mme Somerville, nous dirons que le célèbre géomètre américain Bowditch s'est fait un nom honorable dans la science en donnant de *la Mécanique céleste* une traduction anglaise augmentée du développement de toutes les difficiles formules dont l'ouvrage est hérissé, et dont Laplace était loin d'avoir exposé clairement et commodément pour le lecteur les filiations et les transitions. Au moment où Mme Somerville publia son livre, *le Mécanisme des cieux*, l'ouvrage de Bowditch n'avait point encore paru.

Le second ouvrage de Mme Somerville, sur *la Connexion des Sciences physiques*, a été traduit en français par Mme Tullia

Meulien, interprète fidèle et instruit de plusieurs ouvrages sur les sciences d'observation exposées descriptivement. Ce second ouvrage, composé sur le modèle de l'*Exposition du Système du monde*, où Laplace a réuni le résultat de toutes les recherches astronomiques, pèche, comme le fameux ouvrage dont Mme' Somerville a suivi le plan, par une trop grande accumulation de faits et de résultats qu'il était impossible de développer convenablement dans l'étendue d'un seul volume. L'astronomie physique, la météorologie, l'optique, le magnétisme du globe, tous les résultats de la physique proprement dite sont enregistrés ou plutôt nommés dans *la Connexion des Sciences physiques*. Cet exposé, que le progrès des sciences dont il offre le tableau abrégé rend forcément de jour en jour plus incomplet, n'en offre pas moins une prodigieuse masse de connaissances utiles, en même temps qu'il fixe par ses diverses éditions le bilan de la science à l'époque de chaque réimpression.

Dans son dernier ouvrage, intitulé *Géographie physique*, Mme Somerville s'écarte un peu du cadre que l'on est tacitement convenu en France d'embrasser sous ce titre. C'est non-seulement une description physique de la terre considérée dans ses continents et ses mers, dans ses climats chauds et froids ou tempérés, excessifs ou mitigés par les courants atmosphériques, dans son arrosement par les pluies, par les neiges, par les rivières, dans les influences météorologiques des vents, des tempêtes, de la foudre et de toutes les puissantes influences de l'électricité, de la lumière, de la chaleur. — Ce livre contient encore une partie considérable de descriptions analogues à celles que l'on trouve dans les *Tableaux de la Nature* et dans les voyages de M. de Humboldt. Les diverses régions du globe y sont dépeintes avec la mention des plantes, des arbres, des insectes, des poissons, des reptiles, des oiseaux et des quadrupèdes vivants et fossiles qui peuplent chaque contrée, ou qui, engloutis dans les précédentes convulsions de la surface terrestre, ont laissé dans leurs débris le tableau de la nature vivante des âges antérieurs à l'homme, comme la cendre ou plutôt le sable volcanique de Pompéi ou d'Herculaniun nous a conservé la vie romaine au commencement de notre ère. Plus de la moitié de l'ouvrage de Mme Somerville est consacrée à ces tableaux ou énumérations de la nature vivante, qui introduisent dans son livre un élément un peu plus dramatique que les simples météores. Cet élément l'entraîne un peu, il est vrai, au-delà du domaine spécial de la géographie physique. Les descriptions de la nature vivante trouvent place ordinairement dans les traités complets de géographie avec, ce qui se rapporte à la race humaine entière, à ses divisions, et à tout ce qui constitue les diverses agglomérations du genre humain suivant la politique, la religion, les arts, la civilisation, etc. Mme Somerville n'exclut expressément de son livre que cette dernière partie de la géographie ; malgré cette exclusion, elle n'en a pas moins dépassé les limites de la géographie physique proprement dite. Cette géographie, comme l'astronomie physique, doit être le développement et l'explication des phénomènes observés dans le vaste champ de la surface du globe. Ces phénomènes sont les *expériences de physique* de la nature : un orage électrique, une tempête où le vent parcourt 160 kilomètres à l'heure : une aiguille aimantée dont la pointe, au milieu des océans ensevelis sous une brume impénétrable aux rayons du soleil, va chercher le nord et guide le navigateur au sein des ténèbres ; enfin les mille jeux de la lumière : l'arc en ciel, l'aurore, le bleu polarisé du ciel : — toutes ces brillantes complètes de l'esprit humain pendant vingt à trente siècles, voilà la géographie physique, mais avec la condition de s'élever de l'observation des faits à l'intelligence de la cause qui les produit.

Après avoir constaté que toutes les notions, d'ailleurs fort intéressantes. que l'ouvrage de Mme Somerville contient sur la géographie de l'histoire naturelle sont exposées avec un rare bonheur de clarté et d'intérêt, malgré la difficulté de la nomenclature peu littéraire des noms des plantes et des animaux, nous nous arrêterons, dans notre voyage physique sur la surface de notre globe, à ce que la terre, les eaux, l'atmosphère et les agents énergiques connus des physiciens sous les noms de *chaleur*, d'*électricité*, de *magnétisme*, de *lumière*, offrent aux regards de l'observateur qui parcourt notre planète du nord au sud et de l'orient à l'occident, au travers des terres, des océans et des glaces qui s'en partagent la surface. Ainsi, à proprement parler, la géographie physique devrait être l'application des lois de la physique aux observations recueillies sur la terre. Les glaces polaires aussi bien que lu température excessive de la mordes Indes, les contrées pluvieuses comme les Alpes d'Europe et les plaines sans pluies du Pérou ou de l'Afrique occidentale, les ouragans de la mer des Indes et le calme comparatif du Grand-

Océan, tout a une raison d'être, et à côté du fait bien observé, la science doit en placer l'explication.

À la première inspection d'un globe terrestre, la prédominance de l'eau sur la terre frappe les yeux. La terre n'occupe qu'environ un quart de la surface totale du globe, et c'est du côté du nord presque exclusivement que se trouve accumulé tout ce qui, sous le nom de continents, a échappé à l'invasion des eaux. Si l'on place Londres ou même Paris au centre d'une moitié du globe, cette moitié contiendra presque toute la terre habitable. Mais pour sortir de ces données arides, supposons un voyageur partant de France et marchant à l'ouest vers Le Havre, Brest ou Bordeaux, et sillonnant en tout sens la mer qui limite à l'ouest l'ancien continent : il reconnaîtra l'Océan Atlantique franchi la première fois par le hardi Colomb. Ce sera pour lui une profonde vallée submergée allant d'un pôle à l'autre et remplie d'eau salée à une hauteur ou profondeur qui va quelquefois à 10 kilomètres. Cette belle nappe d'eau que le commerce a tant utilisée, et qui voit sur ses deux rivages opposés les races qui tiennent le premier rang dans l'espèce humaine, s'étend d'une manière sinueuse entre l'ancien et le nouveau monde. Bientôt l'observateur reconnaîtra les deux grands continents américains, qui sont bien petits relativement à ce qu'imaginait Christophe Colomb, qui croyait avoir atteint l'extrémité de l'Asie. Colomb, pas plus qu'Améric Vespuce, n'a jamais cru autre chose. Pour eux, l'Océan Pacifique n'existait pas ! Ceux qui donnèrent le nom d'Amérique à quelques-unes des terres découvertes depuis peu ne se doutaient guère qu'ils faisaient à ce nom l'honneur de désigner un nouveau monde distinct de l'ancien. Et cependant l'Océan Pacifique, dont on ne tenait pas compte, a plus d'étendue à lui tout seul que tous les continents réunis de l'ancien et du nouveau monde, même en n'y comprenant pas la mer des Indes.

Après avoir reconnu cet océan presque sans limites, le voyageur atteindra les côtes de la Chine et fixera les bornes du Grand-Océan à ces côtes, aux îles de la Sonde et à la Nouvelle-Hollande ; puis, franchissant un des passages à l'ouest, il se trouvera dans l'Océan Indien, qui n'est pour ainsi dire qu'un demi-océan, puisqu'il s'arrête au nord à l'Asie méridionale, et que, comme l'Atlantique et le Pacifique, il ne va pas d'un pôle à l'autre. Enfin, après avoir longé la côte orientale de l'Afrique et atteint le cap de Bonne-Espérance,

Physique du globe

il remontera le long de la côte opposée, pour regagner l'Europe en marchant du sud au nord.

On sait que le Portugais Magellan a rendu son nom célèbre par le premier voyage exécuté autour du monde. Après avoir marché à l'ouest et atteint l'Amérique, il la côtoya en descendant au sud jusqu'au redoutable passage qui porte le nom de détroit de Magellan, et dans lequel les navigateurs aujourd'hui se hasardent rarement : ils préfèrent passer au sud et au large en vue du cap Horn, mais Magellan ignorait que plus bas la mer était libre, et il aborda le Pacifique en venant de l'Atlantique, chose alors réputée impossible, car on croyait que l'Amérique descendait au sud jusqu'au pôle et formait une barrière infranchissable. De là, remontant vers le nord et ouvrant ses voiles au souffle complaisant des vents alisés, Magellan atteignit le méridien des îles aux épices, but de l'expédition espagnole, car il s'agissait d'en prendre possession en y arrivant par l'ouest, suivant les droits alors reconnus. Ayant péri dans ces parages, son vaisseau et ses compagnons suivirent, pour regagner l'Europe, la route ouverte par le grand Vasco de Gama, qui, en arrivant dans l'Inde par le cap de Bonne-Espérance, changea la face du commerce et du monde en privant de leurs causes de prospérité Alexandrie, Venise et quelques autres villes méditerranéennes. On dit ordinairement que Magellan n'a point accompli entièrement son voyage de circumnavigation. C'est une erreur. Magellan, avant d'entreprendre d'atteindre le méridien des Moluques par l'ouest, était venu précédemment dans ces mêmes parages par le chemin ordinaire, en sorte qu'en le prenant au moment de son départ des Moluques pour l'Europe et en le suivant jusqu'à son retour dans les mêmes parages, où il fut tué, on trouve qu'il a réellement fait le tour entier de la terre. Comme probablement l'expédition espagnole qu'il commandait ne contenait aucun des Portugais avec lesquels il s'était primitivement rencontré aux Moluques, on peut lui attribuer l'honneur exclusif d'avoir *lui seul*, à l'époque de sa mort, traversé tous les méridiens du globe terrestre.

Le voyageur que nous supposions tout à l'heure inspectant les trois grands océans appelés Atlantique, Pacifique et Indien, devra, pour compléter sa connaissance des mers du globe, faire le tour des glaces polaires du sud, en suivant l'Océan Glacial antarctique par une mer toujours ouverte ; enfin, saisissant une des occasions favorables où la Mer Glaciale du nord brise ses glaces, il côtoiera le dôme solide qui recouvre le pôle nord en suivant d'abord la mer qui longe l'extrémité septentrionale de la Russie et de la Sibérie. Laissant à droite le détroit de Behring, il continuera sa circumnavigation polaire en passant au sud de l'île Melville, comme l'ont fait récemment les marins de *l'Investigator*, si du moins la mer est libre alors de ses glaces continues. Voilà donc en réalité cinq océans : l'Atlantique, le Pacifique, la mer des Indes, et les deux Mers Glaciales du sud et du nord. Nous les retrouverons bientôt en parlant des courons maritimes.

Nous supposerons encore que la même exploration se soit étendue, aux continents, et que, prenant pour guide les belles cartes physiques de Johnston, on ait sous les yeux ou dans la mémoire la disposition des chaînes de montagnes, soit montagnes de roches, soit montagnes volcaniques, ainsi que les bassins des fleuves, des lacs ; et comme le terrain de plusieurs contrées contient en dépôt les débris des êtres vivants qui, à des époques antérieures, ont vécu à ciel ouvert dans ces mêmes contrées, nous supposerons au besoin qu'on puisse reconstruire la nature animée à chacune de ces époques.

Cela posé, occupons-nous d'abord des phénomènes que présente la terre prise dans son ensemble. Après avoir répété que la terre, les eaux, l'atmosphère et les agents ignés de la chaleur, de la lumière ou de l'électricité sont la nature entière, voyons ce que nous dit l'état de la première de ces quatre grandes divisions du globe.

L'aspect superficiel de ce monde est celui d'une vaste ruine produite par une rupture de la croûte rocheuse du globe qui forme les continents, rupture qui, en occasionnant la dépression des terrains actuellement noyés par la mer, a fait surgir d'autres terrains primitivement noyés. Ainsi, au moment de la dernière catastrophe, les terrains occupés aujourd'hui par l'Atlantique étant descendus au-dessous du niveau de la mer, les terrains aujourd'hui à sec de l'Europe sont alors sortis de dessous les eaux et ont paru à ciel ouvert. Les couches qui forment le sol de l'Europe, s'enfonçant graduellement sous l'Atlantique, vont reparaître dans l'Amérique, et dans l'intervalle elles forment le fond du bassin des mers sur une étendue de 6,000 kilomètres. Nous en dirons autant des autres mers et des autres terrains découverts ; mais on trouvera peut-être

Physique du globe

difficile d'admettre que la France, que la localité de Paris aient servi de fond à une mer actuellement déplacée. En consultant les archives du monde primitif déposées dans les carrières gypseuses de Montmartre, on est tout surpris de trouver que trois fois cette contrée a été le fond d'un océan sans nom pour nous. En effet, voici l'ordre des dépôts qui recouvrent à Paris le terrain primitif, lequel ne contient aucune trace d'êtres vivants : 1° une couche de dépôt d'animaux marins : 2° au-dessus une couche de débris d'animaux terrestres : c'est la première époque où le sol de Paris ait fait partie d'un continent à ciel découvert ; 3° une seconde couche d'animaux marins indiquant que le sol, par une catastrophe, s'était enfoncé de nouveau sous la mer et recevait des dépôts d'animaux maritimes ; 4° une seconde couche d'animaux vivant dans l'air, et dont plusieurs espèces (l'homme excepté) sont analogues à nos espèces actuelles ; 5° encore une invasion de la mer et des dépôts maritimes ; 5° enfin retour du sol à la clarté du ciel et dépôts actuels progressifs de nos animaux et des hommes de notre époque. Mais, dira-t-on, en est-il de même partout ? Le même nombre de retours de l'océan a-t-il eu lieu ? Évidemment non. Il y a trop d'eau et trop peu de terre pour que la ruine d'un continent qui s'enfonce sous l'océan puisse faire reparaître à ciel ouvert tout ce qui faisait naguère le fond des mers, et, pour citer des exemples, le sol argileux de Londres n'atteste que deux invasions de la mer. Les premiers débris maritimes sont couverts par des débris d'animaux vivant dans l'air, puis vient une couche marine, puis la couche actuelle en voie de formation avec les êtres vivons actuels, hommes et animaux. À Vienne en Autriche, il y a une couche de plus qu'à Paris d'animaux ayant vécu dans l'air. Ainsi les Anglais actuels ne feront un jour partie que de la deuxième couche fossile, les Français seront dans la troisième, et les Autrichiens dans la quatrième, bien d'autres indices tiennent le même langage à l'observateur. Par exemple, les pierres meulières et certains grès des environs de Paris, qui, dans cette contrée, ne sont recouverts par aucune autre roche, sont, à Vienne, recouverts par une couche additionnelle de terrains plus récents.

La catastrophe qui a donné à la terre, considérée dans son ensemble, l'aspect d'une vaste ruine, a surtout imprimé son mode d'action sur la forme du sol et sur les montagnes. Toutes celles qui ne sont pas volcaniques sont formées de couches rocheuses violemment soulevées par un bord et portées à plusieurs centaines de mètres d'un côté, tandis que de l'autre elles s'enfoncent sous le sol à des profondeurs immenses. Les côtes des continents, dentelées de la manière la plus bizarre, les petites îles qui sont les sommets des montagnes que portaient les contrées englouties par la mer, enfin les mille brisures des pics qui couronnent les chaînes qui partagent les bassins des fleuves, tout porte le cachet d'une catastrophe, et même, chose rassurante, d'une catastrophe très récente ; car évidemment ces catastrophes successives, d'après le témoignage des dépôts qu'elles ont produits, n'ont eu lieu qu'à des intervalles de temps immenses.

Le lecteur est sans doute curieux de connaître une ou deux de ces dates écrites dans les faits physiques, bien entendu que l'âge du monde ne peut être fixé ni à la seconde ni à la minute comme les révolutions des astres, guidés par la loi de Newton. Voici un exemple : j'habite, je suppose, sur la côte méridionale de la France, au milieu des sables du bassin d'Arcachon. J'observe que de temps en temps une violente tempête rejette sur la côte une petite colline longitudinale de sable qui borde la mer. Peu à peu je m'aperçois que le vent d'ouest qui domine en France jetant toujours du côté de la terre le sable qui était du côté de la mer, la petite colline de sable appelée d'une marche vers l'intérieur des terres avec un déplacement de un mètre par an. Si maintenant je marche en m'éloignant du rivage, je trouve toute la contrée hérissée de dunes semblables jusqu'à une assez grande distance de la mer. Toutes reçoivent le vent d'ouest du côté de la mer, et leur sable de ce côté étant rejeté de l'autre côté par-dessus leur crête, toutes marchent comme celle du rivage, de 1 mètre par an, vers l'intérieur du pays. Pour le dire en passant, ce beau fait de la nature physique est un horrible fléau pour ces contrées ; car ces dunes non-seulement envahissent les terrains cultivés, mais, en arrêtant l'écoulement des eaux, elles poussent devant elles des marécages aussi malsains qu'infertiles. Pour terminer mon calcul, je supposerai que de ces dunes la plus avancée dans les terres soit à 6,000 mètres du rivage. Comme nous avons admis que ces dunes s'avançaient de 1 mètre par an en s'éloignant de la mer, quel est celui qui n'en conclura pas tout de suite que la première dune est sortie de l'océan par une tempête qui a eu lieu il y a six mille ans ; que c'est à cette époque qu'a pris nais-

Physique du globe

sance l'ordre actuel des choses, puisque si cet état eût précédé, il se fût produit une ou plusieurs dunes de formation plus ancienne, qui par suite auraient marché en tête des autres par l'influence du vent d'ouest ? Les atterrissements du Tibre depuis les temps historiques, comparés à la somme totale des atterrissements antérieurs, donnent, à quelques siècles près, la même date. Il en est de même de l'âge qu'indiquent les détritus que les pluies et les gelées détachent des rocs à faces abruptes, et dont la quantité sert à calculer depuis combien de temps ces dépôts sont en voie de formation.

La première objection qui se présente aux esprits sérieux à. qui l'on énonce ces curieux mouvements des continents, et qui les pousse d'abord à l'incrédulité, c'est la conclusion forcée que, si l'on admet ces catastrophes mécaniques, il faut de toute nécessité admettre que le sol des continents repose sur un noyau fluide ; car, si l'intérieur de la terre était solide, on ne pourrait pas supposer ces déplacements subits, qui font reparaître au jour ou qui noient des continents entiers.

Et d'abord, la mobilité des continents est on ne peut mieux constatée par les redoutables crises connues sous le nom de tremblements de terre. Alors dans les terrains mal équilibrés, présentant des couches contrastées et peu solides, la rechute qui s'opère fait onduler le sol comme les vagues d'une mer agitée par une *tempête de fond* (sans l'influence du vent). En 1755, il périt à Lisbonne soixante mille personnes. Après la première destruction produite par la chute des maisons, le feu prit en mille endroits par les foyers domestiques alors allumés et mis en contact avec les débris combustibles des maisons. Quelques instants après, le sol du Tage, au-dessous de la ville, fut soulevé, et le fleuve, arrêté par cette barrière et transformé en un vaste lac, noya toute la partie basse de la ville. Plus tard, le fond du lit du fleuve reprit son niveau, et les eaux arrêtées, s'élançant vers la mer, firent tous les ravages d'un torrent. Ajoutons que l'homme ne se montra pas plus compatissant que la nature. La famine et le brigandage désolèrent la cité décimée. Une livre de pain fut payée plusieurs livres d'or, et on fut obligé d'établir autour de l'enceinte de la ville un cordon de potences.

La France d'après l'inclinaison graduée de sa surface vers l'océan, est très peu sujette aux tremblements de terre. On aurait peut-être pu dire la même chose à Lisbonne avant 1755 ; mais, dans tous les lieux qui ont éprouvé ces catastrophes, on peut écrire, comme auprès de Naples : *posteri, posteri, vestra res agitur* ! c'est-à-dire : « O générations futures, vous aurez votre tour ! »

En voyant la terre trembler au même instant du nord de la Laponie jusqu'au sud de l'Espagne, depuis l'embouchure du Rhin jusqu'à celle du Danube, qui se refuserait à croire la terre en état de fluidité ? Cependant il y a encore d'autres vérités plus extraordinaires.

Non-seulement la terre est fluide, mais elle l'est par la chaleur : c'est une masse fondue par la chaleur, analogue à la fonte de fer qui coule dans des fourneaux embrasés par des soufflets chargés de plusieurs milliers de kilogrammes. Ce fait étonnant se démontre tout à fait mathématiquement. Lorsque l'on s'enfonce sous la surface de la terre, on trouve que, dans les terrains même les plus éloignés des volcans, la température croît graduellement à mesure que la profondeur augmente. En calculant ce que serait cette chaleur à une profondeur de 60 kilomètres, on trouve qu'à cette profondeur toutes les matières de l'intérieur de la terre seraient en fusion, et qu'elles y sont réellement. Tout le monde sait que les eaux des ruisseaux et des fontaines qui tombent au fond des puits naturels très profonds formés entre les fissures des roches en ressortent à l'état d'eaux bouillantes ou thermales par leur contact avec les parois profondes des roches, d'autant plus chaudes qu'elles sont plus enfoncées au-dessous du sol. Les eaux du puits de Grenelle, dans Paris, venant de 5 à 600 mètres, ont presque la température des bains, et dans les mines profondes règne perpétuellement la température de l'été.

Voilà de grandes présomptions. Voici la matière fondue elle-même. Lorsque, par suite des convulsions du sol dans les tremblements de terre et dans les changements de forme du noyau terrestre, il se fait de vastes fentes dans le fond rocheux du continent, on voit affluer de dessous ces couches pierreuses ce qu'on appelle de la lave : c'est la matière fondue même qui porte les couches continentales. Cette matière fluide de feu, plus lourde que le sol du continent, le fait flotter sur elle, à peu près comme on voit, eu brisant la glace d'un étang, l'eau qui porte la glace se faire jour par les fissures et déborder momentanément au-dessus. Ce phénomène s'observe en mille endroits du globe, et, dans les volcans ouverts par le fond, on voit la lave en état de fusion offrir un échantillon de

Physique du globe

l'état de l'intérieur du globe. Partout où une brisure de la surface terrestre présente une ligne de rupture, on reconnaît une chaîne de volcans et d'ouvertures fournissant temporairement de la lave qui refait, en se solidifiant, une soudure à la fente du terrain, connue quand l'eau qui s'élève au-dessus de la glace brisée d'un étang vient à se geler elle-même. Il est à remarquer que la nature de cette lave est partout identique, comme il convient à la substance fluide dont le globe est formé à l'intérieur. Ce qui vient d'être dit répond donc à deux des plus important chapitres de la physique du globe, savoir les tremblements de terre et les volcans, sans compter la cause bien simple des eaux thermales.

Enfin, sans recourir à ces grandes crises de notre globe, heureusement fort rares dans ce pays, nous voyons la mobilité du sol se trahir par le soulèvement considérable et continu des côtes de la Baltique. En France, sur l'Atlantique, j'ai constaté ce soulèvement graduel depuis Calais jusqu'à Bayonne. Les anciens marais salants de l'Aunis cessent de recevoir la mer par suite de l'élévation du terrain, qui fait dire à tort que la mer se retire. À Rochefort, les cales de construction des vaisseaux qui ont été placées du temps de Louis XIV sont maintenant à un mètre au-dessus de celles qui ont été établies de nos jours. Plusieurs îles, et notamment celle de Noirmoutiers, feront dans peu partie du continent, tandis qu'au temps d'Henri IV une mer agitée rendait le passage en bateau périlleux sur ces points. En d'autres localités, le sol s'abaisse et plonge de plus en plus dans la mer, comme on l'observe en Grèce, dans l'Inde et en quelques endroits de la côte occidentale de l'Italie.

Jusqu'ici nous n'avons aucun instrument bien précis pour rendre manifestes les mouvements du sol qui nous porte. Quand nous en aurons un, il est probable qui, outre les secousses accidentelles et considérables des couches intérieures du monde, il ne se passera pas une saison, une position du soleil et de la lune agissant sur les marées, amenant un léger changement dans la forme extérieure du globe, qu'elle nous en donne de précieuses indications. M. d'Abbadie, correspondant de l'Institut à Urrugnes, au sud-ouest de la France, établit, à grands frais de science, d'argent et d'activité observatrice, un magnifique instrument qui nous révélera bien des mystères de la terre intérieure. Attendons. Newton disait : « Si Barrow avait vécu, nous saurions. » Or M. d'Abbadie est jeune, plein de zèle scientifique et d'expérience consommée. Attendons et espérons.

J'ai choisi à dessein, parmi les résultats de la science qui se rapportent à la constitution de notre globe, ceux où l'on voit les objets que nous considérons ordinairement comme les plus solides prendre un grand nombre de mouvements, soit les mouvements subits qui amènent des catastrophes ou générales ou circonscrites, soit les mouvements qui se développent lentement avec le cours des siècles accumulés. La conclusion est que, l'ordre actuel de la nature sur la terre étant de date très récente, et les diverses catastrophes antérieures ne s'étant produites qu'à des intervalles de temps fort longs, on peut assurer que d'ici à une longue série de siècles aucun bouleversement général n'aura lieu. Pendant une durée incommensurable d'années et de siècles, l'Europe et les États-Unis seront séparés par l'Atlantique, et marcheront, il faut l'espérer du moins, fraternellement dans les voies de la civilisation et du progrès physique et moral ; mais enfin, lorsque l'an 1854 sera dans le passé à une distance telle que son existence même paraîtra fabuleuse, le noyau intérieur de la terre, devenu trop petit par le retrait, suite d'un refroidissement graduel, laissera s'abîmer la voûte que forment les continents actuels, et les parties les plus élevées s'enfonceront plus encore que les autres. Un échange d'état aura lieu, comme il a déjà eu lieu plusieurs fois, entre la terre et la mer. L'océan roulera ses flots sur l'Asie, l'Afrique, l'Europe et les deux Amériques, tandis qu'une partie du fond des océans actuels sera mise à sec et formera, pour ce nouvel état de la surface terrestre, les continents et la terre habitable. — Quels en seront alors les habitants ? Si l'homme est un hôte nouveau pour la terre et ne date que de la dernière révolution générale, cette future révolution n'introduira-t-elle point un être vivant aussi supérieur moralement à l'homme que celui-ci l'est aux animaux qui l'avaient devancé sur la terre ? Ici, comme toujours, lorsque l'imagination est appelée à jouer un rôle, les théories ne manquent point. Il est fort aisé de constituer de toutes pièces un univers inconnu et qui n'offre aucun contrôle gênant aux idées que l'on s'en fait ; mais, dans la science positive, il faut s'arrêter à la limite des faits et des inductions qu'on en tire immédiatement ; pour le reste, il faut *savoir ignorer*.

Passons des phénomènes de la terre à ceux des eaux, et prenons

Physique du globe

pour exemple les courants maritimes et l'arrosement du globe, qui, comme on sait, a presque autant d'influence que la chaleur du soleil sur les productions du sol. Nous voyons les eaux d'entre les tropiques marcher à l'ouest, de l'ancien monde vers le nouveau. Ce grand courant, après avoir rempli le golfe du Mexique, déborde au nord, et, longeant le banc de Terre-Neuve, il revient vers l'Europe à la hauteur de l'Angleterre et de la Norvège, pour redescendre vers l'Afrique, en côtoyant l'Espagne, et rentrer, par un circuit continu, dans le grand courant des tropiques, dont cette masse d'eau avait tiré son origine. Le temps de cette circulation des masses océaniques est d'environ trois ans et demi. Il résulte de ce courant, célèbre sous le nom de *gulf-stream*, que le passage d'Europe aux États-Unis, où l'on va contre le courant, est sensiblement plus long que le retour, où le courant favorise la marche des navires. On peut tirer de ce phénomène bien d'autres conséquences plus importantes. D'abord ces eaux chaudes, portées dans de hautes latitudes, y tempèrent le froid résultant de la faiblesse et de l'obliquité des rayons solaires ; mais ce qui est surtout frappant, c'est la différence de climat à égalité de latitude entre l'Amérique du Nord et l'Europe. Pour celle-ci, les vents dominants qui viennent de l'ouest passent sur les eaux chaudes du *gulf-stream*, et lui foin un climat d'une bonté exceptionnelle. L'orge est cultivée même aux environs du cap Nord, tandis que les contrées américaines situées à la hauteur de l'Angleterre sont soumises à des froids si rigoureux, qu'ils les rendent stériles. L'embouchure du fleuve Saint-Laurent, située à la même hauteur en latitude que celle de la Seine, est plusieurs mois de l'année obstruée par les glaces, et la navigation est interrompue.. À Boston, dont le climat, d'après sa position géographique, devrait être celui de Perpignan et de l'extrême sud de la France, les étangs d'eau douce gèlent chaque hiver à plus d'un mètre d'épaisseur. Au reste, l'active et industrieuse nation des États-Unis a su mettre à profit ces effets de la rigueur du climat. La glace des étangs dans le voisinage de Boston est débitée en blocs analogues à nos pierres de construction, à nos grès et à nos marbres. Ces blocs de glace, amenés dans des *magasins de glace* par des chemins de fer construits exprès, y attendent trois ou quatre cents vaisseaux de commerce, espèces de glacières flottantes où la glace, préservée de la fusion par des revêtements de sciure de bois, de feuilles de maïs ou de roseaux, voyage sur le globe entier, et va se vendre à un prix modique à Calcutta même, en vue des neiges éternelles de l'Himalaya, après avoir impunément traversé deux fois l'équateur et ses feux brûlants. Plusieurs fois les navires à glace de Boston sont venus à Liverpool, à Londres et au Havre. Je tiens de M. l'amiral Baudin, l'un des honneurs de la marine française, que ce singulier commerce, qui ne date pas d'un demi-siècle, n'est pas un des moins lucratifs de l'industrie américaine. N'est-il pas prodigieux qu'il soit plus facile et plus économique de consommer dans la métropole de l'Inde la glace formée à plusieurs milliers de kilomètres que d'en tirer des cimes neigeuses qui sont, pour ainsi dire, à l'horizon ? Voilà bien la nation qui a pris pour devise : *En avant et tête basse (go a head)* !

Un circuit analogue au circuit du *gulf-stream* s'observe dans le sud de l'Atlantique et fait descendre une partie des eaux intertropicales vers le midi, en longeant les côtes orientales de l'Amérique du Sud ; mais comme la pointe de l'Amérique, qui brise en deux parts le courant des eaux d'entre les tropiques, est bien au-dessous de l'équateur, la quantité des eaux chaudes qui se déverse au midi est bien moins considérable que celle qui forme le courant du nord, le *gulf-stream*. Et comme on peut dire la même chose des circuits analogues du Grand-Océan, il en résulte que la terre au sud est bien plus froide qu'au nord, à latitude égale. Ce fait important, dont on a été chercher la cause dans les hypothèses les plus bizarres, est la chose la plus simple du monde. Dans le partage des eaux chaudes des tropiques, le nord se trouve privilégié, voilà tout. Il n'est pas besoin d'aller jusqu'à dire que le ciel du sud est plus froid que le ciel du nord, ce qui est du reste peu exact, car il est moins serein, et par suite il perd moins par communication rayonnante avec les espaces célestes.

Encore quelques mots sur cette importante histoire des courants de la mer : le vaste Océan Pacifique route aussi vers l'occident entre les tropiques ses eaux, chaudes des feux du soleil équatorial. Ces eaux rencontrent l'obstacle des îles de la Sonde et de l'Australie ainsi que l'obstacle des parties méridionales de l'Asie. Comme dans l'Atlantique, la plus grande partie de ces eaux remonte au nord en longeant les côtes de la Chine et du Japon par un vrai *gulf-stream* asiatique, qui, sous l'influence des vents d'ouest, donne à la Colombie un climat presque aussi favorisé que celui de notre Europe, tandis qu'une faible portion descend au sud en suivant les côtes de l'Australie, pour faire un circuit méridional qui, comme le circuit du nord, revient, sur lui-même, longe l'Amérique occidentale du sud au nord, et rejoint le courant des tropiques. Ici comme dans l'Atlantique, l'eau chaude qui se déverse au nord étant en bien plus grande quantité que celle qui vient tempérer le froid des latitudes méridionales, la balance des températures penche de plus en plus en faveur de l'hémisphère nord.

Pour compléter rémunération de ces circuits maritimes, il faut y ajouter un faible circuit qui, dans le petit Océan Indien, porte au sud, le long de l'Afrique et de Madagascar, les eaux tropicales de cette mer, qui retournent ensuite le long de la côte occidentale de l'Australie. Nous ferons remarquer que la partie supérieure de la mer des Indes comprise entre l'équateur et l'Asie, n'ayant aucune issue pour ses eaux, soumises à l'influence d'un soleil vertical, est, comparativement aux autres mers qui ont un écoulement régulier, une nappe d'eau bouillante dont les rivages subissent, dans l'été, d'intolérables chaleurs. On frémit en pensant à la consommation d'hommes qu'a coûtée l'établissement du gigantesque empire anglais dans l'Inde contre cet ennemi cent fois plus terrible que la guerre, le climat ! En Amérique même, où la race anglo-saxonne semblerait devoir être acclimatée dès longtemps, la vie moyenne est bien moins longue qu'en Europe, et l'on a expliqué, d'une manière à mon gré assez contestable, *l'audace* américaine et le génie entreprenant de la nation en remarquant que sur un nombre d'hommes égal aux États-Unis et en Europe, il y a bien moins de vieillards dans le Nouveau-Monde que dans l'ancien. Au reste, là comme ailleurs, c'est le fait qui est tout, et quand un résultat est bien constaté, les raisonneurs ne manquent pas pour démontrer après l'événement qu'il devait en être ainsi.

Voilà donc déjà cinq circuits océaniques, savoir : deux dans l'Océan Atlantique, deux dans l'Océan Pacifique et un cinquième dans la mer des Indes. Si l'on y ajoute deux petits circuits qui contournent les glaces du pôle sud et celles du pôle nord par les deux mers glaciales, on aura un ensemble complet de sept courants de circulation pour toutes les mers du monde. La circulation des eaux chaudes et des eaux froides, l'influence de ces courants sur la navigation, sur la poche, sur la santé des équipages, font de l'étude de ces circuits une partie importante de l'art nautique, dont les travaux du lieutenant américain Maury ont avancé la connaissance ; mais il nous est impossible de ne pas remarquer que c'est à M. Duperrey, de l'Institut de France, qu'est due la première carte d'ensemble des courants du globe, carte d'après laquelle nous avons nous-même établi les sept circuits océaniques déjà mentionnés. Pour finir par un exemple de l'influence des courants, si nous supposons un voyageur qui se rend des Antilles à la Jamaïque, il mettra autant de semaines pour son retour de la Jamaïque aux Antilles qu'il a mis de jours pour son voyage des Antilles à la Jamaïque.

La question de l'irrigation du globe, que nous choisissons après celle des courants et des circuits océaniques, est plutôt une question d'atmosphère qu'une question relative à la météorologie des eaux. Nous allons suivre la marche de ce précieux *élément*, pour parler le langage de l'antiquité, depuis la surface des mers d'où il s'exhale sous forme de vapeur jusqu'à son arrivée sur le continent, où il se condense en pluies et en neiges pour couler ensuite au travers des continents sous forme de rivières et de fleuves et revenir enfin aux mers d'où il tirait son origine, après avoir servi à l'irrigation des contrées peuplées, aux communications commerciales, et même comme moteur mécanique, dans diverses applications de la force à l'industrie. Pascal appelait les rivières navigables, parcourues à la descente, *des chemins qui marchaient.* Dans les rivières à marées, par exemple dans la Seine, de Rouen au Havre, le chemin marche alternativement dans les deux sens, circonstance que les peuples envahisseurs de cette partie de la France, peuples à la fois guerriers, cultivateurs et négociants, avaient su apprécier plusieurs siècles avant que le nom d'économie politique eût été prononcé.

S'il est un phénomène naturel fréquent, usuel, presque vulgaire, c'est la précipitation de l'eau atmosphérique, ou la pluie. Aucun pourtant n'a été plus tardivement expliqué d'une manière satisfaisante. Il est vrai qu'il y a pour ainsi dire plusieurs sortes de pluies, dont quelques-unes proviennent d'orages et semblent avoir, comme la grêle, une origine électrique : mais ici considérons la pluie ordinaire, celle qui, dans nos heureux climats européens, ne tombe ni en assez grande abondance pour noyer le sol, comme cela a lieu entre les tropiques, ni en assez petite quantité pour laisser le sol infertile par suite de sécheresse. — Oui, me disait un homme du monde à qui je posais cette condition, j'entends : il s'agit de la pluie dont on se garantit avec un parapluie, ordinaire.

Par une loi physique aussi nette dans ses résultats qu'elle est obscure dans sa théorie, toute masse d'eau recouverte d'air exhale continuellement dans cet air, sous forme invisible, une quantité de vapeur d'autant plus grande que cette eau est plus chaude, et l'on conçoit quelle masse de vapeur doit être portée dans l'atmosphère entière, dont les trois quarts reposent sur des océans, sans compter les lacs, les étangs, les rivières et les marécages (*swamps*), qui occupent encore une partie notable des continents. Ainsi aucune difficulté quant à l'approvisionnement de l'atmosphère en eau, ou plutôt en vapeur d'eau. L'atmosphère n'est pas seulement de l'air pur, c'est un mélange d'air et de vapeur d'eau. Dans une atmosphère qui n'a pas une quantité d'eau suffisante, comme dans le souffle du vent sec du désert appelé *seimoun* ou *khamsin*, les plantes et les animaux périssent. Pour les habitants de la Grande-Bretagne, habitués à une constitution de l'air fort humide, les vents secs de l'est, qui soufflent au printemps et qui produisent sur nos blés ce qu'on appelle les *hâles d'avril*, sont un fléau intolérable, qui bannit tout bien-être hygiénique et pousse au suicide les caractères sujets à une mélancolie sombre, au *spleen*. À Paris, la quantité d'eau que contient l'air est juste la moyenne entre la sécheresse extrême et l'extrême humidité. À ce point de vue comme à celui du *spleen*, au physique comme au moral, suivant l'expression banale, le séjour de Paris semble plus sain que celui de Londres. Quant à la gaieté française, à l'esprit français, je me garderai bien de lui assigner une cause météorologique ; cependant le bien-être individuel relatif à la santé ne peut être sans influence sur la sociabilité d'un peuple.

Revenons à notre question de la pluie. Quelle est la cause qui exprime de l'air l'eau qu'il contient en vapeur, à peu près comme la pression de la main exprime l'eau d'une éponge humide ? C'est le froid ; mais ce froid, quelle en est la cause, et comment, par une chaude journée d'été, par un soleil tropical, le ciel tout à coup se charge-t-il de nuages et se fond-il ensuite en un de ces déluges de pluie qu'on appelle averses ?

C'est encore une loi physique bien constatée, que l'air, comme tout autre corps que l'on comprime, s'échauffe par la compression et se refroidit au contraire quand il se dilate. Si on comprime au fond d'une petite pompe dite *briquet à air* l'air que contient ce petit espace, il met le feu à l'amadou qu'il enveloppe. Réciproquement, l'air, en se dilatant, éprouve un refroidissement considérable. Si on laissa échapper d'une cavité humide de l'air très comprimé, cet air se dilate en s'échappant, et l'humidité qu'il contient se manifeste par un dépôt d'eau, et même souvent de glace, qui se fixe sur les corps avoisinants. Or dans l'état naturel de l'atmosphère, toute masse d'air qui sera mécaniquement portée dans des régions supérieures, soit par le vent glissant de bas en haut sur la pente des montagnes, soit par les courants ascendants de l'air, soit par le conflit de deux masses d'air allant à la rencontre l'une de l'autre, toute masse d'air, disons-nous, portée dans des régions supérieures, sera par cela même déchargée du poids d'une partie de l'air supérieur, et par suite augmentera en volume et baissera en chaleur. J'ai fait après bien d'autres l'expérience imaginée par Pascal, savoir de porter au sommet du Puy-de-Dôme des vessies incomplètement remplies d'air, et qui, au sommet de la montagne, étaient pleines et tendues à cause de la dilatation de l'air intérieur, moins pressé là-haut qu'il ne l'était dans la plaine. Même pour la petite hauteur des coteaux de Meudon, de l'air porté subitement du niveau de la Seine à l'entrée la plus élevée du bois se dilaterait de manière à se refroidir de un à deux degrés centigrades. C'est du reste ce qui explique en partie le froid du sol sur les hautes montagnes. Tout courant d'air qui monte le long de leurs flancs se dilate à mesure qu'il est moins pressé par l'air supérieur ; cette dilatation entraîne un grand refroidissement, et le contact de cet air devenu froid refroidit le sol dont il suit les pentes. Si cet air contient de l'humidité, ce refroidissement précipite l'humidité sous forme de pluie ou de neige. De là ces amas d'eaux qui partent des contrées montagneuses et ces neiges qui en couvrent les sommets plusieurs mois de l'année ou même perpétuellement.

Supposons un observateur placé au sommet du Puy-de-Dôme et contemplant de là cette belle vallée dite Limagne d'Auvergne. S'il s'élève un vent arrivant de la vallée et portant vers la montagne l'air clair et transparent de la plaine, voici ce que remarquera le spectateur. À mesure que les masses d'air sans nuage poussées par le vent contre les lianes de la montagne s'élèveront, elles se dilateront, et par suite se refroidiront. Ce froid condensera en partie la vapeur contenue dans l'air de la plaine, et par suite cet air, d'abord transparent, passera à l'état de brouillard ou de nuage. En continuant de monter, la dilatation et le froid feront des progrès, et une pluie abondante s'échappera de ce même air, si clair dans la plaine. Enfin, s'il atteint le sommet du Puy-de-Dôme, le refroidissement sera tel qu'il se versera de la neige sur les points culminants. *Il neige sur les hauteurs*, disent proverbialement les Grecs modernes, et ce proverbe, ils l'appliquent principalement à la teinte blanche que l'âge donne aux cheveux : (grec).

De même que l'ascension d'une masse d'air humide dans l'atmosphère la transforme en nuage ordinaire, en nuage pluvieux ou en nuage donnant de la neige, l'abaissement d'une masse d'air nuageuse, la compression et la chaleur qui en sont la suite, lui rendent d'une manière pour ainsi dire magique sa transparence ordinaire et lui ôtent tome assimilation à un nuage ou à un brouillard. Ainsi l'on voit quelquefois du sommet des Pyrénées se précipiter vers les plaines françaises des masses de nuées qui semblent devoir couvrir d'un sombre voile tout l'éclatant paysage qui étincelle aux rayons du soleil d'août ; mais à mesure que ces masses menaçantes se précipitent vers le pied des monts, elles se compriment, s'échauffent et prennent la plus belle diaphanéité. Les pics pyrénéens versent des torrents de sombres nuages, et la plaine reçoit un air pur et transparent.

Encore un autre fait dont j'ai été témoin au sommet du Canigou, le plus élevé des Pyrénées orientales, et dont j'ai eu plus tard l'explication. — Je dirai en passant qu'il ne faut en voyage se laisser préoccuper par aucune théorie ; il faut garder toute son attention pour bien voir ; plus tard, les raisons d'un fait bien observé seront recherchées dans le calme du cabinet. — Or voici ce qui se passait au sommet des Pyrénées : un vent violent poussait l'air de France vers l'Espagne ; nulle part de nuages, excepté un petit filet, à peine épais de quelques mètres et pas beaucoup plus large, qui, malgré la violence du vent qui semblait devoir l'emporter, restait obstinément fixé sur le point où je l'observais. Ce filet de nuage était si nettement terminé, que je pouvais y mouiller la moitié seulement du crayon que je tenais à la main. Le secret de ce curieux phénomène, c'est que l'air était tout juste assez humide pour devenir nuage à la hauteur en question ; plus bas, c'est-à-dire avant comme après avoir atteint cette hauteur, il reprenait sa transparence. C'est pourquoi avant et après ce passage le nuage disparaissait. Ce n'était point, en réalité, une masse d'air fixe qui formait le petit nuage ; c'était l'air, transparent partout ailleurs, qui, en atteignant ce sommet, perdait momentanément sa transparence par le froid dû à la dilatation, et, remplacé par un nouvel air qui subissait la même influence, semblait perpétuer le petit filet nuageux.

Appliquons ceci à l'arrosement des continents, et, pour ne pas rester dans les généralités, prenons notre France pour exemple. Les vents d'ouest prédominants amènent sur la France l'air humide de l'Atlantique. Si ce vent glissait simplement sur la surface assez basse des contrées limitrophes de la mer, cela n'occasionnerait pas une élévation bien grande des masses d'air océaniques ; mais en touchant le sol inégal du continent, cet air est retardé dans sa marche, et l'obstacle qu'il fait à l'air qui le suit force ce dernier à s'élever comme le long d'une colline. Les masses qui arrivent successivement s'élèvent par le même mécanisme, et le refroidissement ainsi déterminé produit la pluie, et donne naissance aux cours d'eau qui, sous les noms de Somme, de Seine, de Loire, de Charente, de Garonne, ramènent à l'océan les eaux fournies par les courants d'air qui reposaient sur ce même océan. Mais si nous suivons ces vents d'ouest jusqu'aux Alpes, c'est alors que l'effet de l'élévation qui produit la dilatation, et de la dilatation qui produit le froid, et du froid qui précipite l'eau, que toutes ces actions, dis-je, se déploieront sur une échelle grandiose. Ces vents d'ouest, forcés de céder leur eau, donnent immédiatement naissance à deux grands fleuves, le Rhône et le Rhin. Au sud de ce grand massif, l'air chaud des plaines de la Lombardie, poussé contre les flancs des Alpes suisses et tyroliennes, dépose les eaux qui doivent alimenter le Pô et ses affluents du nord, ainsi que tous les cours d'eau alpestres descendant vers le sud. Du côté nord de la chaîne alpine, le vent de nord-est, qui accoste les mêmes montagnes, y dépose les sources du Danube et de ses premiers affluents. En général, la forme géographique du terrain, combinée avec les vents dominants, détermine l'irrigation naturelle d'un pays, — et réciproquement le système hydraulique d'un pays peut donner des indications sur sa constitution géographique. Autrefois il ne pleuvait jamais dans la basse Égypte ; mais depuis que des plantations y ont été faites, l'obstacle présenté aux masses d'air par ces aspérités du sol les a soulevées et a produit le refroidissement et la pluie. On ne peut plus, comme autrefois, conserver à Alexandrie les céréales sur les toits des maisons. On s'explique aussi par la même théorie comment la Meuse, cette rivière dont le bassin a une si petite étendue, est cependant si considérable. C'est que les forêts qui couvrent les collines environnantes arrêtent et soulèvent l'air amené de la mer par les vents d'ouest, et déterminent des pluies abondantes, que l'état boisé du bassin ne permet pas à l'air de réabsorber. Tel est sans doute le mot de l'énigme : c'est ce que les observations météorologiques nous apprendront plus tard.

On a calculé la puissance motrice déployée par la nature dans le soulèvement des eaux de la mer, dans la distribution des eaux sur les continents. La mobilisation d'une pareille masse effraie la pensée. Il faudrait, pour la produire, y employer le travail de toute l'humanité pendant des centaines de siècles. C'est pourtant ce que fait la nature pour ainsi dire en se jouant, sans efforts, sans résistance, par un travail aussi muet qu'irrésistible.

À mesure que l'on s'élève dans l'atmosphère, l'air est de plus en plus froid, et surtout il est excessivement sec. La vapeur d'eau semble ne pouvoir monter jusqu'à ces grandes hauteurs, Aussi tout accident qui ramène cet air froid et sec vers la plaine produit un effet auquel on est loin de s'attendre. D'abord cet air froid, en se comprimant, prend une très forte chaleur, et comme il est sec au point de n'être pas respirable sans danger à cette température, il produit les effets connus du simoun, qui sans doute a pour cause une masse d'air ramenée du haut de l'atmosphère par quelque contre-courant de trombe aérienne. Il est fatal aux animaux et aux plantes par sa trop grande chaleur, jointe à son extrême sécheresse. Dans une circonstance analogue, une masse d'air, se précipitant des montagnes de Candie vers les plaines de Famagouste, marqua son passage par la destruction et le dessèchement de tous les arbres fruitiers et sauvages qui se rencontrèrent sur la ligne qu'elle suivait. On ne dit pas l'effet qu'elle produisit sur les animaux.

Les vents, ces courants aériens de l'océan atmosphérique sans rivages, offrent mille applications naturelles des lois de la mécanique, de la physique, de l'hydraulique ; mais ici, que choisir, n'ayant pas des volumes pour tout dire ? — Parlons des modestes brises de terre et de mer qui le matin poussent au large le bateau des pêcheurs, et le soir le ramènent au port Nous sommes en France, au sud de Perpignan, à Collioure, près de ces vallées où les fours à briques sont alimentés par des piles de fagots de romarin et de lavande, saines et hygiéniques vallées qui faisaient autrefois déserter aux Romains leur brûlante et malsaine Italie. — Nous faisons aujourd'hui, je n'ose pas dire stupidement, tout le contraire ! — Là, point de marée. Les pêcheurs tirent leur barque sur le rivage, comme les matelots d'Homère, sans crainte que l'océan vienne les enlever à la pleine mer. Toute la nuit, la terre s'est refroidie, et l'air qui reposait sur elle a subi le même refroidissement. L'air de la mer ne s'est pas autant refroidi, car, à mesure que les gouttes d'eau de la surface se refroidissent, elles s'enfoncent et laissent la place à l'eau plus chaude d'au-dessous. L'air de la mer pose donc toujours sur un fond plus chaud que l'air de la côte, et il reste plus léger que l'air froid de la terre. Celui-ci, l'emportant par son poids, se précipite vers la mer souvent dès le milieu de la nuit. C'est la brise de terre. Le pêcheur, au matin, tend sa voile et part. Lorsque ensuite la chaleur du jour a pesé sur la contrée, la terre, qui n'est pas aussi facilement pénétrée que la mer par les rayons de lumière et de chaleur du soleil, s'échauffe bien davantage, — et souvent de bonne heure dans l'après-midi les couches moins chaudes de la mer, l'emportant en poids sur les couches d'air qui reposent sur les grèves et sur les rivages brûlés d'un soleil ardent, envahissent la terre, et font la brise de mer, qui le soir ramène à la côte les barques chargées de poisson. Le moment qui amène le premier souffle de cette salutaire brise de mer, appelée dans le pays la *marinade*, est pour toute la nature un moment solennel. Tout bruit, tout mouvement avait cessé ; tout se taisait, jusqu'aux insectes. Le voyageur observateur sentait la curiosité même s'éteindre dans cet accablement, pareil à ceux qui, pour plusieurs semaines, suspendent la vie dans l'Inde, en rendant également pénibles et les mouvements du corps et les opérations de la pensée. Toute la nature attendait, écrasée par le poids d'un air embrasé. Au premier souffle de la brise de mer, tout tenait, tout vit, tout est joyeux : un bien-être universel se répand dans toute la contrée, et l'on conçoit alors le *kief* des Orientaux. Si, comme on l'a dit bien des fois, l'homme est bien petit auprès des forces de la nature, il lui importe d'autant plus d'en connaître les lois, pour en éviter les effets dangereux, ou même pour les faire servir à son avantage. « Monsieur, me disait le chef d'une petite troupe de bohémiens errants du pays (*gitanos*), à qui j'arrachais avec peine quelques paroles de renseignements près de Salces, à l'heure du plus grand paroxysme de la chaleur, croyez-moi, attachez votre cheval à cet olivier et couchez-vous à l'ombre. Avant une heure, la *marinade* se lèvera, et vous continuerez votre route, vous n'en serez que mieux, votre cheval et vous, et vous arriverez plus tôt. » Je n'ai pas besoin de dire que je suivis son conseil. Ce bohémien me paraissait alors plus sensé que l'empereur Auguste élevant à Narbonne un temple au vent, d'ouest (*Zephyrus*), pour obtenir de lui qu'il lui soufflât un peu moins violemment dans les oreilles. Au reste, on peut dire que les Romains ont été de pauvres observateurs : qu'ont-ils légué à la postérité scientifique ?

Je consacrerai quelque jour une étude spéciale à nos connaissances sur l'aimantation du globe terrestre, qui se rattache à la théorie des agents impondérables, la chaleur, la lumière et l'électricité ; j'en ferai autant pour l'électricité et les orages de foudre dont l'aspect est si imposant, l'origine si simple, et les appareils préservatifs si faciles à établir. Aujourd'hui, pour terminer ce type des notions actuelles de géographie physique, je présenterai la théorie de la chaleur rayonnante, qui appartient à la fois à la chaleur et à la lumière, deux agents impondérables de la nature.

Tous les corps voisins l'un de l'autre s'envoient des rayons invisibles de chaleur, et font des échanges continuels qui réchauffent les plus froids et refroidissent les plus chauds jusqu'à ce que la température se soit égalisée entre eux. Si l'on porte dans une chambre bien close un boulet rouge, on sent et on voit à la fois sa chaleur et sa lumière ; mais la première de ces deux propriétés subsiste encore après l'autre, et le boulet est devenu invisible longtemps avant que la main ou le visage cesse de ressentir à distance les effets de la chaleur qu'il conserve encore. Il y a donc un rayonnement invisible de chaleur obscure. Ainsi, quand nous nous promenons la nuit par un ciel serein, notre corps fait rayonner sa chaleur vers le ciel, qui ne lui en renvoie que bien peu en échange, d'où naît un refroidissement très vif qui se fait sentir même au milieu de la zone torride où le docteur Oudney est, à la lettre, mort de froid nocturne. Or, de même que la lumière rejaillit des corps blancs brillants, polis, et par conséquent ne les pénètre pas facilement, nous jugerons que la même chose a lieu pour les rayonnements analogues de la chaleur, et nous admettrons que la surface des corps blancs, brillants, métalliques, polis, éclatants, arrête la chaleur à son entrée et à sa sortie des corps. Il est très difficile de faire pénétrer la chaleur rayonnante d'un foyer dans une cafetière d'argent bien polie, tandis qu'un liquide chaud qu'on y verse y conserve longtemps sa chaleur, qui ne peut franchir de l'intérieur à l'extérieur l'obstacle de la surface polie.

De même, les vêtements blancs, le terrain sablonneux, les arbres à écorce blanche, laissent moins facilement pénétrer et sortir la chaleur et la lumière. La neige par sa blancheur préserve de la gelée les blés qu'elle recouvre, et si on altère sa teinte par de la cendre ou du charbon, tout gèle au-dessous. Les premières fleurs des arbres fruitiers, qui sont d'un blanc éclatant, se défendent par leur couleur des fâcheuses influences de la saison peu avancée. Les hommes de cabinet portent toujours des robes de chambre blanches, pour conserver la chaleur du corps ; la nature blanchit à un certain âge les cheveux de l'homme et les poils des animaux ; enfin plusieurs oiseaux, tels que la perdrix des Pyrénées, changent tout à coup à l'entrée de l'hiver la couleur de leur plumage et deviennent tout à fait blancs. On observe la même chose pour les lièvres du Nord, qui sont fauves l'été et qui deviennent tellement blancs l'hiver, que le chasseur est obligé de les viser aux yeux, qui sont alors rouges comme dans tous les albinos. Cette transformation du pelage est souvent très rapide, et l'on a vu un rat de l'espèce appelée rat arctique ou rat polaire, exposé dans sa cage sur le pont d'un vaisseau hivernant dans les glaces du Nord, changer en une nuit de couleur, et passer du fauve foncé au blanc pur. Les habitants du Nord sont à peu près tous blonds ; ils s'habillent invariablement de vêtements blancs. La nature et l'expérience leur donnent les meilleurs préservatifs contre la perte de la chaleur. Dans les zones plus tempérées, les pelages et les habits sont plus variés. Déjà en Espagne la race à cheveux noirs domine exclusivement ; les habits du peuple y sont de couleur foncée, pour ne pas concentrer la chaleur du corps et lui laisser une issue facile. Enfin, pour les races noires de l'Afrique intertropicale, la nature a semblé vouloir permettre le plus possible la sortie de la chaleur intérieure du corps. Il est vrai de dire que,

Physique du globe

par là même, un nègre exposé aux rayons directs du soleil souffre plus qu'un blanc, parce que sa peau noire laisse un plus facile accès aux rayons calorifiques du soleil ; mais c'est à lui de chercher un abri, tandis que s'il eût été blanc, il eût succombé à la chaleur concentrée produite par l'action vitale et retenue par l'obstacle de sa peau blanche.

Je n'ai pas besoin de dire que ce qui arriverait à ce nègre blanchi par hypothèse arrive malheureusement à un nombre infini de vrais blancs, pour lesquels le climat trop chaud des tropiques est mortel. On m'a souvent fait la question : Quel est le meilleur, d'un vêtement blanc ou d'un vêtement noir ? C'est selon la circonstance. Voulez-vous voyager en plein air ? prenez un vêtement blanc, comme le font les nègres, pour éviter la pénétration des rayons directs du soleil. Saussure conseille au voyageur observateur des habits de couleur claire, qui le jour ne laissent point trop pénétrer la chaleur du soleil et qui la nuit conservent la chaleur du corps. En un mot, le blanc habille plus, c'est-à-dire isole davantage le corps du chaud et du froid extérieur. Par contre, tout homme qui, le soir d'un jour chaud, voudra goûter la fraîcheur d'une nuit étoilée devra s'envelopper de vêtements légers et noirs ; mais gare les rhumatismes nerveux, fléau des climats excessifs ! La plupart des Orientaux, Arabes, Persans, Turcs du midi, comme les Marocains et les Espagnols mêmes, préfèrent, par des masses de vêtements ou par de vastes manteaux, s'isoler de l'air extérieur ou chaud ou froid, et je pense qu'ils ont raison. « Ce qui garantit du froid, disent nos voisins du midi, garantit tout aussi bien de la chaleur. » Si les casques de nos intrépides pompiers n'étaient pas brillants, s'ils étaient teints en noir, ils s'échaufferaient d'une manière fatale au rayonnement des incendies. Les Romains avaient déjà remarqué qu'on se brûle en touchant une barre de fer noir échauffée par les rayons d'un soleil d'été ; je noterai que, sans le fait de la brûlure, ils auraient peu remarqué cet effet physique.

Par une particularité des plus curieuses, tandis que les rayons de chaleur du soleil traversent nos vitres et en rendent l'usage impossible dans les climats chauds, les rayons de chaleur terrestre sont arrêtés par le verre. Ainsi, quand au printemps un jardinier habile veut hâter la maturité d'un fruit ou d'un légume, il le couvre d'une cloche de verre ou d'un châssis vitré. La chaleur, du soleil traverse le verre et vient échauffer la plante et le terreau où elle végète ; mais, une fois fixée dans le sol, cette chaleur ne peut plus ressortir au travers de la cloche ou du vitrage, qui devient, suivant l'expression d'un de mes auditeurs, une vraie souricière de rayons. La température s'élève beaucoup sous cet abri physique. Il y a tel cas où elle pourrait même s'élever trop haut et nuire à la planta Aussi voit-on, à l'heure de midi, les jardiniers soulever par un bord les cloches, qui, suivant leur expression, *forcent* les cultures. Les glaces de nos serres et les vitrages doubles produisent des effets analogues. L'expérience avait donc beaucoup appris sur les agents physiques à ceux qui employaient ces agents-là ; mais il est heureusement passé, le temps où Bacon jetait aux raisonneurs dédaigneux de l'expérience ces paroles sensées : Allez dans les ateliers, vous y trouverez plus de vraie philosophie que dans les écoles !

Quelques faits curieux vont appuyer ce que je viens d'avancer. Saussure, le grand physicien des Alpes, entreprend de concentrer la chaleur par des vitres : il couvre une boite à fond noir de plusieurs glaces. Celle boite est elle-même placée dans une autre, qui la préserve du contact des courants d'air. Un vase d'eau est placé dans la boite intérieure, et l'eau y devient bouillante. Plus récemment, sir John Herschel, *soutenant*, comme dit Homère, *la grande renommée de son père et la sienne propre*, s'exile pour plusieurs années au cap de Bonne-Espérance avec sa nombreuse et charmante famille. Il fait pour le ciel austral ce qu'il avait fait pour notre ciel du nord, il compte les étoiles doubles, les nébuleuses et les amas d'étoiles, dans cette région où notre compatriote l'abbé Lacaille, astronome de premier mérite, avait été faire, quatre-vingts ans plus tôt, d'autres observations qui ont fait honneur à la France, et qui viennent d'être réimprimées aux frais du gouvernement britannique. On est au mois de décembre, c'est-à-dire dans la saison chaude pour cette contrée du globe. Tout le monde se plaint de la chaleur. Sir John Herschel, aussi bon physicien qu'astronome éminent, a l'idée de répéter plus en grand l'expérience de Saussure. Une boite noire d'acajou d'une dimension considérable, et recouverte d'une *seule glace non mastiquée*, est placée dans un châssis ordinaire de jardinier, garni lui-même d'une seule vitre non mastiquée ; Le thermomètre monte à l'eau bouillante et dépasse même de beaucoup ce terme de chaleur. Alors l'illustre physicien père de

Physique du globe

famille invite ses amis et ses enfants à un déjeuner où le soleil du solstice d'hiver remplacera les fourneaux ordinaires. Une pièce de bœuf assez forte avec des légumes et des assaisonnements (je n'ose pas dire en bon français un *bœuf à la mode*) est introduite dans la boîte, et elle en ressort au bout d'un temps convenable parfaitement cuite et fournissant *un régal agréable aux invites*.

Notre art de fabriquer les verres ardents n'a point encore fructifié pour remplacer par le soleil le bois qui manque à bien des contrées brûlées par un ciel sans nuages, et je me suis souvent étonné que dans les voyages d'Asie et d'Afrique une lentille à échelons n'ait pas paru un meuble fort utile dispensant souvent de provisions de bois ou de charbon difficiles à se procurer. À bord des vaisseaux, un grand appareil ardent serait certes utile et économique dans bien des cas. Dans les cours de physique, c'est une expérience qui attire toujours l'attention que celle de mettre un vase de fer-blanc au foyer d'un miroir ardent et de montrer sans feu de l'eau bouillant à gros bouillons.

Un des phénomènes les plus curieux de la nature, c'est la rosée, dont la production a lieu par les nuits *calmes* et *sereines*, quand les étoiles brillent de tout leur éclat. Ce n'est qu'avec la théorie de la chaleur rayonnante, et depuis moins d'un demi-siècle, qu'on a rendu raison de ce curieux dépôt d'humidité. Tout le monde sait que si, dans une étuve humide, on introduit un corps froid, il se dépose immédiatement de l'eau à sa surface. Les cristaux que l'on apporte au dessert sur nos tables l'hiver se ternissant momentanément de rosée. Il reste donc à savoir comment les corps terrestres sur lesquels la rosée se dépose se refroidissent pour provoquer le dépôt de l'humidité de l'air. Cette cause est évidemment le rayonnement vers les espaces célestes des corps terrestres placés dans un lieu découvert. Un corps de teinte foncée, par exemple une table d'ardoise, rayonnera beaucoup, se refroidira de même, et provoquera un abondant dépôt. Une tablette de marbre blanc se mouillera bien moins, une plaque de métal ne se mouillera pas du tout, car celle-ci ne rayonne que très peu. La circonstance du calme de l'air est essentielle, car si l'air était agité, il viendrait continuellement rendre par son contact de la chaleur aux substances soumises au rayonnement nocturne. Voilà donc le type de l'étude actuelle de la nature : découvrir, par un petit nombre de faits, les lois de la nature, et ensuite, par ces lois, rendre compte des autres phénomènes analogues. — Ces paroles sont de Newton. Dans la théorie de la chaleur rayonnante et dans ses mille applications, les physiciens modernes ont honorablement suivi les idées de ce puissant génie, auquel le nom de *grand*, dont on fait quelquefois précéder son nom, a cessé depuis longtemps d'ajouter aucun relief. Il est aussi inutile de dire le grand Newton que de dire le brillant soleil.

Nous avons déjà reproché à l'excellent ouvrage de Mme Somerville d'avoir introduit dans la géographie physique des notions de géologie, de minéralogie, de botanique, d'histoire des animaux, qui semblent appartenir à la géographie ordinaire d'exposition ou à l'histoire naturelle. Ces notions, fort intéressantes en elles-mêmes, sont écrites d'un style si clair et si élégant, qu'il serait injuste de ne pas reconnaître qu'aucun autre ouvrage n'a aussi bien traité ces déductions de la science comparée. Voici un fait important qui ressort de l'énumération des espèces végétales et animales de chaque localité : c'est que, parmi toutes les acclimatations possibles, un très petit nombre a déjà eu lieu, et nous croyons qu'il n'existe aucune autre preuve plus forte de l'état tout à fait moderne de la surface actuelle de notre globe. Avant Lucullus, la cerise était inconnue, dans l'Europe occidentale ; l'abricot et la canne à sucre sont venus avec les croisades, la pomme de terre sous Louis XVI, presque à la fin du siècle dernier. On m'objectera qu'un célèbre écrivain fait, sous Louis XIV, dévaster par un sanglier un champ de pommes de terre : à cela je réponds qu'à l'imagination tout est permis pour *faire de la couleur locale* ; mais ce chapitre des anachronismes botaniques nous mènerait trop loin de la géographie physique.

On aura dans le quatrième volume du *Cosmos* de M. de Humboldt un volume consacré uniquement à cette branche spéciale de la géographie. Le mérite de cet ouvrage pourra être différent de celui de Mme Somerville, mais il ne détruira pas la valeur du livre de la savante et modeste Anglaise. Il y a quelque chose de plus précieux qu'une pièce d'or, ce sont deux pièces d'or. Nous avons dit que, *sous la pression* non pas du *temps*, mais de *l'espace*, et par l'introduction de descriptions d'histoire naturelle locale, qui serviraient utilement de conclusion aux cartes physiques de l'atlas de Johnston, plusieurs parties de la *Géographie physique* avaient été réduites à un simple sommaire insuffisant. La théorie de l'arc en ciel est de ce nombre ; l'auteur, qui est une mathématicienne de premier ordre, semble ne pas savoir tout ce que les travaux analytiques de l'illustre Airy et les expériences de MM. Galle, Miller, etc., ont ajouté à la théorie de ce brillant météore. Il en est de même de l'heureuse explication de l'anthélie due à M. Bravais. Toutefois, nous le répétons, dans le cadre trop restreint de deux petits volumes, comment renfermer des matériaux qui en exigeraient au moins le double ? La *Géographie physique* de Mme Somerville vaut par ce qu'elle contient, sans préjudice de ce qu'une revue attentive, des progrès de la science pourra introduire dans une nouvelle édition. Celle-ci est déjà la troisième, et certes une et même plusieurs réimpressions attendent encore cet intéressant et consciencieux ouvrage.

ISBN : 978-1726239820

www.ingramcontent.com/pod-product-compliance
Lightning Source LLC
Chambersburg PA
CBHW070944220526
45469CB00007B/2505